Cristofer Cuarezma
Carlos Mendoza

Cerebros Digitales

Cristofer Cuarezma
Carlos Mendoza

Cerebros Digitales

Software para Vehículos Autónomos

Editorial Académica Española

Imprint

Any brand names and product names mentioned in this book are subject to trademark, brand or patent protection and are trademarks or registered trademarks of their respective holders. The use of brand names, product names, common names, trade names, product descriptions etc. even without a particular marking in this work is in no way to be construed to mean that such names may be regarded as unrestricted in respect of trademark and brand protection legislation and could thus be used by anyone.

Cover image: www.ingimage.com

Publisher:
Editorial Académica Española
is a trademark of
Dodo Books Indian Ocean Ltd. and OmniScriptum S.R.L publishing group

120 High Road, East Finchley, London, N2 9ED, United Kingdom
Str. Armeneasca 28/1, office 1, Chisinau MD-2012, Republic of Moldova, Europe
Printed at: see last page
ISBN: 978-613-9-46808-9

CEREBROS DIGITALES
SOFTWARE PARA VEHÍCULOS AUTÓNOMOS
CRISTOFER CUAREZMA
CARLOS MENDOZA

DEDICATORIA

Con profunda gratitud, dedico este trabajo a los profesores de la **Universidad Americana (UAM)**, quienes, con su guía y dedicación, han sido faros de sabiduría y formación en este trayecto académico. Sus enseñanzas no solo han nutrido mi conocimiento, sino también mi carácter y aspiraciones.

A mi madre, **Silvia Ruiz Flores**, cuya fortaleza, amor inquebrantable y palabras de aliento han sido mi refugio en los momentos difíciles. Mamá, tu fe en mí ha iluminado cada paso que he dado.

A mi padre, **Fernando Cuarezma Montoya**, por ser un pilar de valores, disciplina y motivación. Papá, tus consejos y apoyo constante han sido el cimiento de mis logros.

A **Dios**, fuente inagotable de fortaleza, sabiduría y esperanza, quien ha guiado mi camino con amor divino y ha hecho posible lo que parecía inalcanzable.

Finalmente, a todas las personas que, con su apoyo incondicional y confianza en mí, han contribuido a que este sueño se convierta en realidad. Sus palabras, actos y compañía han dejado una huella imborrable en mi vida.

Este logro es tanto mío como de ustedes. Con todo mi corazón, ¡gracias!

CONTENIDO

PRÓLOGO

Desde tiempos inmemoriales, el ser humano ha soñado con conquistar la autonomía total en sus creaciones. Hoy, ese sueño se materializa en los vehículos autónomos: máquinas que no solo nos transportan, sino que piensan, perciben y deciden. Pero ¿qué hay detrás de este avance que parece sacado de la ciencia ficción? Este libro, **Cerebros Digitales: Software para Vehículos Autónomos**, abre una ventana al fascinante mundo del software que da vida a estas innovaciones.

El propósito de este texto es invitarle a explorar el corazón tecnológico de una revolución que promete redefinir la movilidad tal como la conocemos. Desde los sensores que permiten "ver" el mundo hasta los algoritmos que deciden cada maniobra, este libro desglosa las complejidades del software que convierte a los vehículos autónomos en más que simples máquinas.

Más allá de la técnica, este libro plantea preguntas fundamentales: ¿Qué desafíos éticos y sociales acompañan esta tecnología? ¿Cómo cambiará nuestra forma de vivir y trabajar? ¿Qué papel tiene la seguridad y la confiabilidad en esta ecuación?

A lo largo de sus páginas, **Cerebros Digitales** busca no solo informar, sino también inspirar. Está pensado para lectores que no solo quieren entender la tecnología, sino también reflexionar sobre su impacto. Ingenieros, estudiantes, innovadores y curiosos encontrarán aquí una guía clara y motivadora para adentrarse en el mundo de los vehículos autónomos y su software.

Le invito a emprender este viaje, a dejarse cautivar por los avances que están transformando el transporte y a vislumbrar un futuro donde las máquinas y el ser humano trabajen juntos para alcanzar nuevas fronteras.

INTRODUCCIÓN

Este libro tiene como objetivo proporcionar una visión integral sobre los vehículos autónomos, desde sus fundamentos técnicos hasta las implicaciones más amplias de su implementación. Al explorar tanto las bases tecnológicas como los desafíos por superar, se invita al lector a reflexionar sobre el impacto transformador que esta tecnología tendrá en el futuro de la movilidad y de la sociedad en general. Este libro explora en profundidad los fundamentos, tecnologías, desafíos y perspectivas que sustentan el desarrollo de estos vehículos.

El Capítulo 1 introduce los fundamentos conceptuales y técnicos de los vehículos autónomos, comenzando con una definición y clasificación de sus niveles de autonomía. Incluye un recorrido histórico sobre los hitos clave en su desarrollo y resalta su creciente relevancia. Se examinan las aplicaciones y beneficios actuales y futuros de esta tecnología. Además, se detalla la arquitectura del software que la sustenta, explicando sus componentes esenciales, diseño de sistemas distribuidos y la interacción entre percepción, toma de decisiones y control. Finalmente, se exploran estrategias de desarrollo ágil y casos de estudio que ilustran arquitecturas exitosas.

El Capítulo 2 analiza las tecnologías, desafíos y perspectivas de los vehículos autónomos, destacando el papel de los sensores, el procesamiento de datos y la inteligencia artificial para la toma de decisiones en tiempo real. También aborda retos de seguridad, normativas, e impactos sociales, económicos, éticos y ambientales de su adopción.

Capitulo 1:
Fundamentos de los
vehiculos autónomos y
su arquitectura de
software

Introducción a los Vehículos Autónomos

En la última década, los avances tecnológicos han transformado significativamente nuestra interacción con el entorno, destacándose entre ellos el desarrollo de los vehículos autónomos. Estas innovaciones no solo prometen revolucionar el transporte, sino también redefinir aspectos clave de la movilidad, la seguridad vial y la eficiencia energética.

Definición y concepto de vehículos Autónomos

Los vehículos autónomos, también denominados vehículos sin conductor o automóviles inteligentes, representan una innovación disruptiva en la industria del transporte. Estos automóviles operan sin intervención humana directa mediante el uso de tecnologías avanzadas, como sensores, cámaras, radares y sistemas de inteligencia artificial. La capacidad de estos vehículos para interpretar su entorno y tomar decisiones en tiempo real es clave para su funcionamiento seguro y eficiente.

Clasificación de Niveles de Autonomía

La Sociedad de Ingenieros Automotrices (SAE, 2018) clasifica la autonomía de los vehículos en niveles del 0 al 5. En el nivel 0, el conductor tiene el control total del vehículo, sin asistencia automatizada. Conforme se avanza en los niveles, el grado de intervención humana disminuye. Así, en el nivel 5, el vehículo es completamente autónomo y capaz de operar en todas las condiciones sin necesidad de intervención humana. En el nivel 1, se asiste al conductor en ciertas tareas, como la dirección o la aceleración. En los niveles 2 y 3, los vehículos pueden ejecutar tareas más complejas, como cambios de carril y navegación en autopistas, aunque aún requieren supervisión humana. En el nivel 4, los vehículos pueden operar sin intervención en entornos específicos, mientras que en el nivel 5 no requieren conductor en absoluto.

La capacidad de los vehículos autónomos para analizar datos del entorno y responder de manera segura y eficiente implica identificar obstáculos, interpretar señales de tráfico y tomar decisiones relacionadas con la velocidad y dirección del vehículo. Estas innovaciones no sólo redefinen la experiencia de conducción, sino que también plantean nuevos desafíos y oportunidades en el ámbito del transporte.

Figura **1**

Clasificación de los niveles de autonomía.

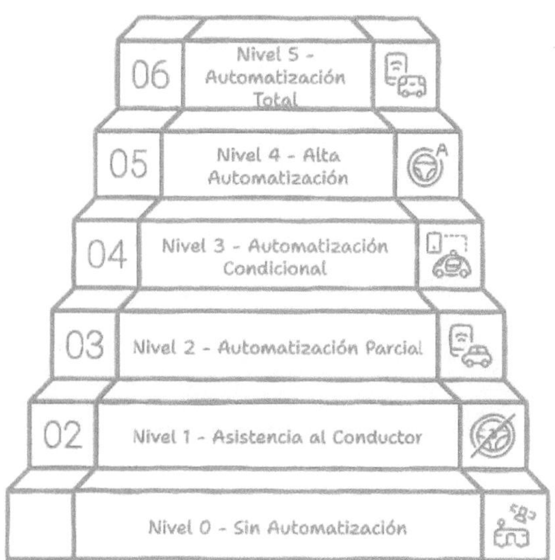

Fuente: Elaboración propia.

Historia de los Vehículos Autónomos

La historia de los vehículos autónomos se remonta a experimentos rudimentarios a inicios del siglo XX. Uno de los primeros ejemplos fue un vehículo controlado a distancia por Nikola Tesla en 1898, aunque este no era autónomo en el sentido actual. En la década de 1980, el desarrollo del "Navlab" por el Instituto de Tecnología de Massachusetts (MIT) marcó un avance significativo en la visión artificial aplicada a la navegación vehicular (Anderson et al., 2016). Este proyecto demostró que era posible diseñar vehículos capaces de "ver" su entorno y reaccionar en consecuencia.

Un hito importante fue el DARPA Grand Challenge en 2004, que desafió a equipos de investigación a desarrollar vehículos capaces de recorrer un recorrido sin intervención humana. Aunque muchos no lograron completar el recorrido, este evento impulsó significativamente la investigación en el campo. Empresas como Google (ahora Waymo) y Tesla han liderado desde entonces el desarrollo de vehículos autónomos, realizando pruebas exhaustivas y ofreciendo funciones semi autónomas mediante actualizaciones de software.

Figura **2**

Historia de los vehículos autónomos.

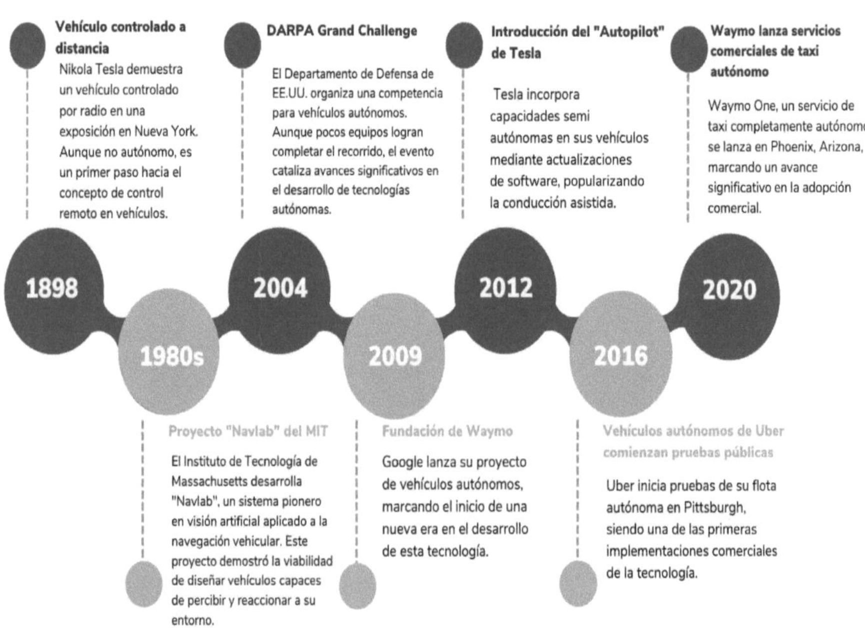

Fuente: Elaboración propia

Importancia de la Tecnología Autónoma

La tecnología autónoma impacta múltiples aspectos sociales y económicos. En primer lugar, se espera que mejore la seguridad vial, ya que más del 90% de los accidentes automovilísticos se deben a errores humanos (Litman, 2020). Al eliminar el factor humano, se anticipa una reducción significativa en accidentes y muertes relacionadas con el tráfico. Además, esta tecnología puede optimizar la eficiencia del tráfico mediante la comunicación entre vehículos (V2V) y con infraestructuras inteligentes (V2I), lo que mejora la experiencia del usuario y reduce las emisiones generadas por congestión vehicular (Fagnant & Kockelman, 2015).

En términos económicos, se espera que la adopción de vehículos autónomos genere nuevas industrias relacionadas con su producción y mantenimiento, fomentando empleos en ingeniería e inteligencia artificial. Finalmente, uno de los aspectos más relevantes en la tecnología autónoma es que facilita la accesibilidad para personas con discapacidades o movilidad limitada, permitiéndoles desplazarse sin depender del transporte público o privado tradicional (Goodall, 2014).

En conclusión, la tecnología autónoma representa un avance crucial, ofreciendo soluciones prácticas a problemas sociales como la seguridad vial, la eficiencia del tráfico y la accesibilidad.

Aplicaciones y Beneficios de la conducción Autónoma

La conducción autónoma está transformando la forma en que las personas y bienes se movilizan, ofreciendo soluciones innovadoras a problemas de seguridad, eficiencia y accesibilidad. Esta tecnología no solo promete revolucionar el transporte público y privado, sino también facilitar nuevas formas de logística y emergencias médicas, mejorando la calidad de vida en diversas áreas.

En esta sección, se explorarán las aplicaciones actuales de la conducción autónoma en diferentes sectores, desde taxis y autobuses automatizados hasta entregas y vehículos de emergencia. Además, se analizarán los beneficios clave que esta tecnología aporta, incluyendo la reducción de accidentes, la optimización del tráfico y la inclusión social mediante la accesibilidad para personas con movilidad reducida. Estos avances muestran el potencial de la conducción autónoma para redefinir el transporte moderno y su impacto en la sociedad.

Aplicaciones Actuales y Futuras

Las aplicaciones actuales de los vehículos autónomos son diversas. En el transporte público, ya se han implementado autobuses autónomos en varias ciudades, mejorando la puntualidad y reduciendo costos operativos. También se desarrollan taxis autónomos, como los de Waymo, que permiten a los usuarios solicitar viajes mediante aplicaciones móviles, ofreciendo tarifas competitivas y accesibilidad.

En el ámbito de entregas automáticas, compañías como Amazon están explorando el uso de drones y vehículos terrestres autónomos para mejorar la logística. Los vehículos de emergencia autónomos, como ambulancias, podrían mejorar la rapidez en la respuesta a emergencias al evitar limitaciones de tráfico o fatiga humana.

En un futuro no muy lejano, se espera la integración de tecnologías autónomas en vehículos recreativos, tractores para agricultura automatizada y camiones de logística urbana, donde los drones complementarán las entregas de última milla.

El futuro de los vehículos autónomos promete transformar no solo el transporte, sino también la estructura de las ciudades y la interacción cotidiana.

Beneficios esperados

La conducción autónoma se espera que traiga amplios beneficios, como una significativa reducción en accidentes, gracias a la eliminación de errores humanos (Fagnant & Kockelman, 2015). Además, optimizará el tráfico mediante sistemas V2V que permitirán una circulación más fluida. La accesibilidad también se verá mejorada, facilitando el transporte independiente para personas mayores o con movilidad reducida (Goodall, 2014).

En resumen, los vehículos autónomos representan un avance relevante en el transporte moderno. Su desarrollo constante promete mejorar aspectos cruciales de la seguridad vial y optimizar el tráfico urbano, transformando la forma en que interactuamos en nuestras ciudades.

Arquitectura del Software para Vehículos Autónomos

El software es el núcleo que da vida a los vehículos autónomos, permitiéndoles percibir, analizar y actuar en tiempo real para garantizar una conducción segura y eficiente. Su diseño requiere una arquitectura robusta que integre múltiples componentes, como módulos de percepción, toma de decisiones y control, trabajando en conjunto para interpretar el entorno y ejecutar acciones precisas.

En esta sección, exploraremos los elementos esenciales de esta arquitectura, incluyendo la importancia de los sistemas distribuidos para manejar grandes volúmenes de datos, y cómo la interacción entre los módulos asegura un funcionamiento coordinado. También se analizarán las ventajas del desarrollo ágil para adaptarse a los rápidos cambios tecnológicos y casos de estudio de arquitecturas exitosas, como las de Waymo y Tesla, que destacan soluciones innovadoras frente a los desafíos actuales.

Componentes Claves del Software

El software de los vehículos autónomos se basa en varios componentes esenciales que trabajan juntos para asegurar su operación segura y eficiente. Los principales son:

- **Módulo de Percepción**: Este módulo recopila y procesa datos del entorno mediante sensores como cámaras, Lidar y radares. Con algoritmos de visión por computadora y aprendizaje automático, identifica objetos, obstáculos y señales de tráfico. La precisión es clave aquí, ya que cualquier error puede afectar decisiones futuras. Por ejemplo, debe distinguir claramente entre un peatón y un objeto inanimado, y reconocer condiciones climáticas adversas que afecten la visibilidad (Zhou et al., 2020).

- **Módulo de Toma de Decisiones**: Una vez procesada la información por el módulo de percepción, este componente evalúa las posibles acciones a seguir. Emplea técnicas como el proceso de decisión de Markov (MDP) y algoritmos de planificación para elegir la mejor ruta o acción según el contexto. Por ejemplo, si detecta un semáforo en rojo, debe decidir si detenerse o continuar, dependiendo de la presencia de otros vehículos o peatones (Bhatia et al., 2021).

- **Módulo de Control**: Este componente ejecuta las decisiones del sistema mediante técnicas como el control predictivo (MPC), ajustando la velocidad y dirección del vehículo para que se mantenga en la trayectoria deseada mientras responde a cambios en el entorno (Kumar et al., 2020).

- **Interfaz de Comunicación**: La comunicación es crucial, tanto entre módulos internos como con otros vehículos o infraestructuras inteligentes (V2V y V2I). Esta capacidad de intercambio de información en tiempo real permite a los vehículos coordinar sus movimientos y mejorar la seguridad (Chen et al., 2019).

Cada módulo debe ser diseñado con robustez y confiabilidad para garantizar la seguridad del vehículo y sus ocupantes. Una integración efectiva entre estos módulos es vital para ofrecer una experiencia fluida y segura a los usuarios.

Figura **2**

Componentes claves del software.

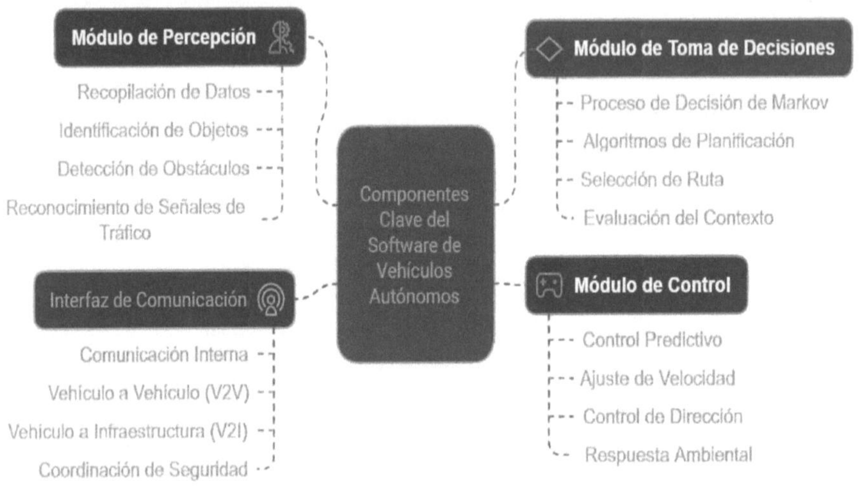

Fuente: Elaboración propia

Diseño de Sistemas Distribuidos

La arquitectura de los sistemas distribuidos es esencial en los vehículos autónomos, ya que permite procesar grandes volúmenes de datos en tiempo real. Cada sensor del vehículo genera datos simultáneamente, lo cual requiere una estructura que maneje esta carga sin sacrificar rendimiento.

Los sistemas distribuidos permiten que distintos módulos trabajen en paralelo, mejorando la eficiencia y reduciendo tiempos de respuesta. Por ejemplo, mientras un módulo procesa datos visuales, otro puede evaluar la información del radar o Lidar. Además, esta estructura facilita la implementación de estrategias de redundancia, donde módulos alternativos pueden asumir funciones en caso de fallo, aumentando así la resiliencia del sistema (González et al., 2021).

No obstante, los sistemas distribuidos también presentan desafíos en la sincronización y gestión de estado entre módulos, por lo que es esencial establecer protocolos robustos para asegurar que todos los componentes accedan a información actualizada y coherente.

Interacción entre Percepción, Toma de Decisiones y Control

La interacción entre los módulos de percepción, toma de decisiones y control es fundamental para garantizar una operación segura y sin contratiempos.

- **Inicio en Percepción**: El proceso empieza con el módulo de percepción, que recopila datos sobre el entorno mediante sensores.
- **Evaluación en Toma de Decisiones**: Luego, el módulo de toma de decisiones evalúa las posibles acciones con base en algoritmos avanzados. Por ejemplo, si detecta un obstáculo, debe decidir si frenar, desviar o detenerse.
- **Ejecución en Control**: Una vez tomada la decisión, el módulo de control implementa las acciones necesarias. La comunicación eficaz entre estos módulos es esencial; cualquier retraso o error puede comprometer la seguridad del vehículo (González et al., 2021).

Además, esta interacción debe ser adaptable a cambios repentinos. Por ejemplo, si un peatón aparece inesperadamente, el sistema debe reaccionar de inmediato para evitar un accidente, lo que requiere algoritmos rápidos y una percepción precisa.

Figura **3**

Proceso de operación del vehículo.

Fuente: Elaboración propia

Desarrollo Ágil

El desarrollo ágil es una metodología popular en el desarrollo de software para vehículos autónomos debido a su flexibilidad y enfoque iterativo. Permite a los equipos adaptarse rápidamente a cambios en los requisitos o en el mercado, mediante ciclos cortos de desarrollo e implementación. Así, se prueban nuevas funcionalidades en entornos controlados antes de su despliegue definitivo, permitiendo identificar y corregir errores tempranamente (Larman & Basili, 2003).

Una de las características más destacadas del desarrollo ágil es su capacidad para adaptarse a las necesidades cambiantes del proyecto. En el contexto de vehículos autónomos, donde la tecnología y los requisitos del mercado evolucionan rápidamente, esta flexibilidad es crucial. Los equipos ágiles pueden responder a cambios en las regulaciones, avances tecnológicos o incluso retroalimentación de usuarios finales sin perder tiempo ni recursos significativos. Esto es especialmente importante en un sector donde la innovación continua puede ser la diferencia entre el éxito y el fracaso.

La metodología ágil fomenta la colaboración entre disciplinas —como ingenieros de software, expertos en robótica y diseñadores— lo que mejora la integración entre hardware y software. Esta colaboración multidisciplinaria es esencial para el desarrollo de sistemas complejos como los vehículos autónomos, donde la interacción entre componentes físicos y lógicos debe ser fluida y eficiente (Meyer et al., 2020).

El enfoque iterativo del desarrollo ágil implica dividir el trabajo en ciclos cortos llamados "sprints". Cada sprint culmina en una revisión donde se evalúan los resultados y se planifican los próximos pasos. Este ciclo permite a los equipos realizar ajustes rápidos basados en la retroalimentación recibida, lo que es especialmente valioso cuando se trata de implementar nuevas funcionalidades o realizar mejoras en sistemas existentes (Schwaber & Sutherland, 2017).

El uso de pruebas automatizadas es otro componente clave del desarrollo ágil. Estas pruebas garantizan que cada nueva funcionalidad no afecte negativamente al resto del sistema. La automatización de pruebas permite a los equipos detectar errores antes en el ciclo de desarrollo, reduciendo así el tiempo y costo asociados con correcciones tardías (Crispin & Gregory, 2009). En el contexto de vehículos autónomos, donde la seguridad es primordial, estas pruebas son esenciales para asegurar que cada componente funcione correctamente bajo diversas condiciones.

Un enfoque común es implementar pruebas unitarias que verifiquen cada módulo individualmente y pruebas de integración que aseguren que todos los módulos funcionan juntos como se espera. Esto no solo mejora la calidad del software sino que también aumenta la confianza del equipo en las nuevas implementaciones.

A pesar de sus ventajas, la implementación del desarrollo ágil en vehículos autónomos también enfrenta desafíos significativos. Uno de los principales retos es garantizar la seguridad y fiabilidad del software. Dado que los vehículos autónomos operan en entornos complejos y deben interactuar con otros usuarios de la carretera, cualquier error puede tener consecuencias graves (Bhatia et al., 2020). Por lo tanto, es esencial que las prácticas ágiles se complementen con rigurosas evaluaciones de seguridad.

Casos de Estudio de Arquitecturas Exitosas

Algunos ejemplos de arquitecturas exitosas incluyen:

Waymo: Su arquitectura modular permite actualizaciones eficientes y rápidas sin interrumpir las operaciones, gracias a su uso de redes neuronales profundas para percepción y decisiones basadas en MDP. Esto le permite navegar por entornos urbanos complejos y adaptarse a situaciones imprevistas (Waymo LLC, 2021).

Figura **4**

Waymo.

Fuente: Xataka

Tesla: Tesla usa actualizaciones por aire (OTA) para mejorar continuamente su software autónomo. Esta arquitectura facilita la integración de nuevos algoritmos usando los datos recolectados durante el uso diario, permitiéndoles lanzar nuevas características sin necesidad de visitar un taller (Tesla Inc., 2021).

Figura **5**

Tesla.

Fuente: Infobae

CARLA Simulator: Es utilizado por investigadores para probar arquitecturas en escenarios complejos, permite evaluar el desempeño en condiciones diversas sin los riesgos de pruebas físicas. Es una herramienta invaluable para validar algoritmos antes de implementarlos en entornos reales (Dosovitskiy et al., 2017).

Figura **6**

Carla Simulator.

Fuente:carlasimblog.wordpress.

Estos casos destacan cómo diferentes enfoques arquitectónicos pueden contribuir al éxito general del desarrollo e implementación efectiva del software para vehículos autónomos. A medida que avanza la tecnología, será interesante observar cómo estas arquitecturas evolucionan para abordar nuevos desafíos emergentes.

Capítulo 2: Tecnologías, desafíos y perspectivas de los Vehículos autónómos

La creación de vehículos autónomos ha revolucionado la industria automotriz y la forma en que las personas se mueven por la ciudad. A lo largo de este capítulo, observaremos en detalle las tecnologías más prominentes que permiten que los vehículos funcionen sin intervención humana y, posteriormente analizaremos los desafíos y las ventajas futuras que estos traen para el porvenir. Además, nos adentraremos en los sensores y la percepción del software del entorno, la inteligencia artificial y el machine learning, así como la fiabilidad y la seguridad del software para familiarizarme con su impacto en la sociedad.

Sensores y Percepción en el Entorno

La percepción del entorno es crucial para la operación segura de un vehículo autónomo. Los vehículos utilizan una variedad de sensores para recopilar datos sobre su entorno inmediato.

Tipos de Sensores Utilizados

Los vehículos autónomos utilizan una amplia gama de sensores para recopilar datos sobre su entorno. Estos sensores son vitales para la percepción y la toma de decisiones. Los sensores más usados son los siguientes:

Cámaras: Se emplean para la detección de objetos, reconocimiento de señales de tránsito y la lectura de semáforos. Una cámara produce información visual que es esencial para identificar peatones y vehículos cercanos (Zhou et al., 2020).

Sensores ultrasónicos: Miden la distancia a los espacios circundantes. Los sensores ultrasónicos se usan con frecuencia para ayudar en la conducción y al estacionarse (Kumar et al., 2019).

Lidar: Este sensor mide la distancia utilizando un láser dirigido a un objeto y un receptor para medir el tiempo que tardan las ondas en reflejarse, y así detectar el cambio en la velocidad de propagación provocado por el movimiento del objeto. Es útil para detectar obstáculos a distancias diversas y cuando hay poca luz (Bhatia et al., 2021).

Radar: Utiliza ondas de radio para detectar datos y medidas de factores, este sensor es efectivo en mal tiempo, como lluvia o niebla, debido a que otros sensores fallan (González et al., 2021).

La combinación de todos estos sensores garantiza que los vehículos autónomos reconozcan y tomen decisiones con respecto a sus alrededores.

Procesamiento de Datos Sensoriales

El procesamiento de datos sensoriales representa un paso crítico en la operación de vehículos autónomos, ya que los datos obtenidos mediante la recopilación por los sensores deben analizarse en tiempo real para permitir las decisiones correctas y rápidas. Esta etapa incluye una serie de etapas esenciales que convierten las señales sinusoidales crudas obtenidas por los sensores en información útil en la toma de decisiones. Las etapas de este proceso son:

- **Filtrado:** Eliminación de ruido y datos irrelevantes a través del algoritmo de filtrado de Kalman o el algoritmo de suavizado (Welch & Bishop, 1995).
- **Segmentación:** Identificación de objetos aislables en el entorno, utilizando el algoritmo del segmentador basado en regiones y técnicas de agrupamiento.
- **Reconocimiento:** Clasificación de la detección, peatones y vehículos a través del aprendizaje de máquinas, especialmente Support Vector Machines o las redes neuronales convolucionales (CNN) (LeCun et al., 2015).

Las técnicas utilizadas en este procesamiento son esenciales para garantizar que el vehículo pueda tomar decisiones correctas.

Fusión de Sensores e Integración de Información

La fusión de sensores es un proceso esencial que combina información proveniente de múltiples fuentes para mejorar la percepción del entorno. Este enfoque permite que los vehículos autónomos tengan una visión más completa y precisa , lo que resulta crucial en situaciones complejas.

La fusión puede realizarse a diferentes niveles:

- La mezcla de información Lidar con fotografías puede potenciar la detección en situaciones complicadas, como niebla o lluvia (Doherty et al., 2017).
- Los sistemas recomendados emplean métodos como el Filtro de Kalman extendido para calcular posiciones con mayor exactitud al fusionar información inercial con GPS (Bar-Shalom et al., 2001).

Algoritmos de Detección de Objetos

Los algoritmos para la identificación de objetos son esenciales para el desempeño seguro y eficaz de los vehículos autónomos. Estos algoritmos facilitan la identificación y categorización de elementos en el ambiente, tales como otros automóviles, peatones, ciclistas y obstáculos aislados.

Hay diversas técnicas empleadas en la identificación de objetos como los métodos fundamentados en la visión computacional que emplean métodos como las redes neuronales convolucionales (CNN) para procesar imágenes captadas por cámaras (González et al., 2021). Estos procedimientos han probado ser sumamente eficaces en ambientes bien iluminados, pero pueden afrontar retos bajo circunstancias desfavorables.

La detección basada en Lidar que emplea nubes puntuales producidas por Lidar para reconocer objetos a través de algoritmos particulares que estudian la geometría del ambiente (Chen et al., 2019). Esta técnica resulta particularmente beneficiosa en circunstancias donde las cámaras pueden no operar correctamente.

La fusión multimodal también es fundamental, ya que fusiona datos visuales con información radar o Lidar para incrementar la exactitud en situaciones difíciles o complejas. Este método ha probado ser eficaz para incrementar la robustez global del sistema frente a las variaciones del entorno.

Figura **7**

Algoritmos de detección de objetos.

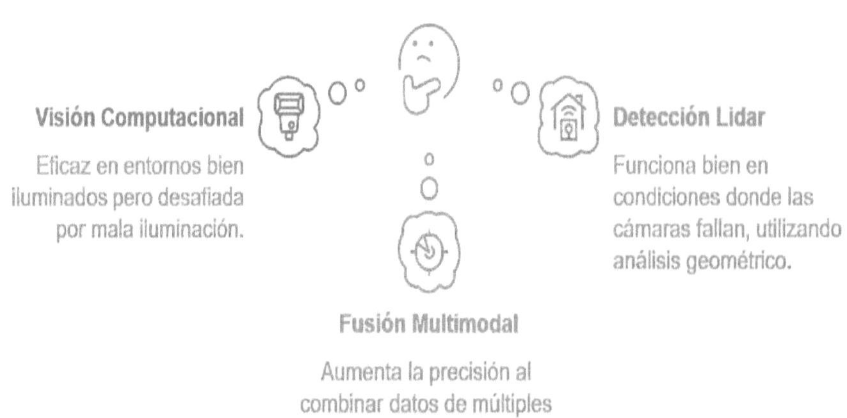

Fuente: Elaboración propia

Estos algoritmos deben ser sólidos y eficaces, aptos para funcionar en tiempo real al gestionar grandes cantidades de datos obtenidos de varios sensores.

Retos en la Percepción y Soluciones Propuestas

Pese al notable progreso en tecnologías sensoriales, los vehículos autónomos se topan con múltiples retos vinculados a la percepción:

- **Condiciones climáticas adversas:** La precipitación, la nieve o la niebla pueden influir en el desempeño de las cámaras y del Lidar. Para tratar este asunto, se están creando algoritmos que emplean aprendizaje profundo para potenciar el reconocimiento en situaciones complicadas (Zhou et al., 2020). Además, se están investigando métodos híbridos que fusionan varios tipos de sensores para atenuar dichas restricciones.

- **Ambientes urbanos complejos:** La intensidad del tráfico y la constante presencia de peatones suponen desafíos singulares. Se están poniendo en marcha simulaciones sofisticadas que facilitan el entrenamiento de sistemas en diversos contextos antes de su ejecución real (Bhatia et al., 2021). Estas simulaciones contribuyen a equipar a los sistemas para circunstancias inesperadas a través de la utilización amplia de ambientes virtuales en los que se pueden experimentar con diferentes condiciones operativas sin peligro físico.

- **Interferencias visuales:** Elementos como las sombras o los reflejos pueden causar confusión en los sistemas sensoriales. Se están investigando métodos preferidos como las redes neuronales adversariales generativas (GAN) que podrían contribuir a incrementar la calidad del reconocimiento en estas circunstancias desafiantes (González et al., 2021).

Inteligencia Artificial y Aprendizaje Automático en Vehículos Autónomos

La inteligencia artificial (IA) es un componente clave en el funcionamiento de los vehículos autónomos, permitiendo que estos aprendan y se adapten a su entorno.

La IA permite a los vehículos autónomos interpretar grandes volúmenes de datos provenientes de los sensores.. Estos datos son esenciales para la percepción del entorno, que incluye la identificación de obstáculos, señales de tráfico y otros vehículos. Según un estudio reciente, la integración de técnicas avanzadas de ingeniería de datos y modelos de aprendizaje automático mejora significativamente el rendimiento y la seguridad de los vehículos autónomos al permitir decisiones más precisas y rápidas en situaciones complejas (Advancement of Machine Learning and its Applications, n.d.).

Introducción a la Inteligencia Artificial

La inteligencia artificial (IA) desempeña un papel esencial en la evolución de los vehículos autónomos. Mediante la implementación de algoritmos preferidos, los sistemas pueden aprender a tomar decisiones fundamentadas en experiencias previas, optimizando de esta manera su desempeño a lo largo del tiempo. La Inteligencia Artificial permite a los vehículos no solo responder a circunstancias actuales, sino también prever posibles situaciones futuras a través de análisis predictivos.

- **Percepción:** Mejora la identificación e interpretación del ambiente a través de métodos preferidos como el aprendizaje profundo.
- **Toma de decisiones:** Permite evaluar múltiples opciones basadas en datos recopilados para seleccionar las acciones más seguras y eficientes.
- **Planificación:** Asiste en la definición de rutas ideales teniendo en cuenta elementos como el tráfico, las condiciones meteorológicas y posibles barreras (Bhatia et al., 2021).

Aprendizaje Automático

El aprendizaje automático se clasifica en dos tipos: el aprendizaje supervisado y el aprendizaje no supervisado.

Aprendizaje supervisado: En esta metodología, se capacita un modelo empleado un conjunto de etiquetado en el que cada entrada posee una salida específica identificada. Este procedimiento resulta beneficioso para labores como la clasificación e identificación en las que se necesita alta exactitud (González et al., 2021). Por ejemplo, el aprendizaje supervisado puede emplearse para capacitar un sistema que reconozca a peatones basándose en imágenes etiquetadas.

Aprendizaje No supervisado: En contraposición al enfoque supervisado, este método se ocupa de conjuntos sin etiquetar, buscando patrones o estructuras subyacentes sin una orientación previa. Este procedimiento resulta beneficioso para agrupar o disminuir dimensionalidad, lo que permite identificar relaciones escondidas dentro del conjunto de datos (Zhou et al., 2020).

Figura **8**

Tipos de aprendizaje automático.

Fuente: Elaboración propia

Los dos enfoques poseen aplicaciones útiles en el ámbito del vehículo autónomo, ofreciendo flexibilidad en función del tipo particular de tarea problema que se esté tratando.

Redes Neuronales y Aplicaciones

Las redes neuronales son un elemento esencial en el aprendizaje profundo que emplean los vehículos autónomos. Estas construcciones están concebidas para replicar la operación del cerebro humano a través de capas vinculadas que manejan información compleja.

Las aplicaciones más comunes incluyen:

- **Detección y clasificación:** Las redes neuronales convolucionales (CNN) se emplean extensamente en el procesamiento de imágenes capturadas por cámaras, facilitando la identificación de objetos con gran exactitud (Bhatia et al., 2021).
- **Predicción:**Las redes neuronales recurrentes (RNN) resultan útiles para prevenir conductas futuras basadas en secuencias de tiempo, como prevenir movimientos peatonales o modificaciones en el tráfico.

- **Control adaptativo:** Las redes neuronales también se pueden emplear para modificar de manera dinámica parámetros en el sistema de control, basado en las variables condiciones del ambiente (González et al., 2021).

Las redes neuronales profundas han demostrado ser especialmente eficaces gracias a su habilidad para representar relaciones complejas no lineales entre variables (Goodfellow et al., 2016).

Sistemas de Recomendación y Predicción

Los sistemas de recomendación son instrumentos útiles que pueden incorporarse en el software de vehículos autónomos para optimizar la experiencia del usuario; estos sistemas emplean algoritmos preferidos para examinar preferencias individuales y proporcionar recomendaciones personalizadas sobre rutas destinadas basadas en comportamientos anteriores.

Además, los sistemas predictivos pueden anticipar sucesos futuros mediante análisis estadísticos de datos históricos recolectados durante las operaciones cotidianas del vehículo; Esto implica anticipar congestionamientos de vehículos e identificar patrones habituales que puedan influir en el tiempo previsto de llegada (Chen et al., 2019).

La implementación efectiva de sistemas recomendadores y predictivos puede resultar beneficiosa no solo desde una perspectiva operativa, sino que también favorece una experiencia más suave e intuitiva para los usuarios finales. Esto facilita el proceso de tomar decisiones basadas en información y mejora las rutas escogidas, incrementando de esta manera la eficacia y la satisfacción del usuario en su interacción con el sistema.

La incorporación de sistemas predictivos y recomendadores no solo mejora el desempeño operativo, sino que también cambia la experiencia del usuario al simplificar la toma de decisiones basadas en información y aumentar la eficacia en la utilización de vehículos autónomos.

Desafíos Éticos en la IA

Conforme progresa el avance tecnológico en los vehículos autónomos, emergen grandes interrogantes éticas vinculadas a la implementación generalizada de esta nueva modalidad de movilidad moderna futura:

Responsabilidad legal: Si se producen accidentes con vehículos autónomos, se plantea la cuestión de quién es responsable —el fabricante del software mismo— lo que supone retos legales considerables (Bhatia et al., 2021).

Decisiones morales: Los algoritmos necesitan estar listos para tomar decisiones cruciales en circunstancias de riesgo; Esto genera dilemas éticos acerca de cómo diseñar estas decisiones de manera correcta (González et al., 2021). Por ejemplo, si sucede un accidente ineludible, ¿debería el vehículo dar prioridad a proteger a los ocupantes en lugar de proteger a un grupo más grande?

Privacidad: La recolección a gran escala de datos requeridos para funcionar de manera eficaz genera inquietudes acerca de cómo gestionan esos datos personales e información delicada vinculada a los usuarios finales implicados; Esto exige un manejo cuidadoso por parte de desarrolladores y reguladores mientras se avanza hacia un futuro en el que estos vehículos serán habituales.

Seguridad y Fiabilidad del Software

La seguridad y fiabilidad del software representan pilares fundamentales en el desarrollo de vehículos autónomos, debido a las consecuencias potencialmente graves que pueden surgir por fallos técnicos o ataques cibernéticos. Un sistema de software robusto debe garantizar no solo la protección frente a amenazas externas, sino también una operación eficiente y confiable bajo diversas condiciones.

En esta sección, se abordarán los principios clave para diseñar un software seguro, incluyendo las prácticas de validación y pruebas necesarias para asegurar su calidad. Además, se explorarán los enfoques para gestionar riesgos y responder a incidentes, así como las normativas y estándares que regulan este campo. Finalmente, se analizarán las perspectivas futuras en cuanto a seguridad, destacando las tecnologías emergentes que buscan fortalecer la confianza pública en los sistemas autónomos.

Conceptos de Seguridad en Software

La seguridad del software es esencial en el desarrollo e implementación de vehículos autónomos, debido a las posibles consecuencias mortíferas vinculadas a errores técnicos y ataques malintencionados. Es esencial establecer prácticas robustas desde las fases iniciales hasta la implementación final:

Diseño de seguridad: Incluir principios de diseño de seguridad desde el comienzo del proceso de desarrollo contribuye a reducir vulnerabilidades antes de que surjan problemas operativos reales. Esto implica realizar un estudio detallado de los posibles riesgos vinculados a cada elemento del sistema, asegurando que se traten las falencias antes de que se transformen en riesgos significativos (Kamin, 2017).

El diseño seguro debe incluir:

Análisis de riesgos: Evaluar las amenazas potenciales y sus posibles impactos. Este análisis debe ser continuo y adaptativo a medida que evolucionan las tecnologías y los entornos operativos (VeRA, 2020).

Principios de defensa en profundidad: Implementar múltiples capas de seguridad para proteger los sistemas. Esto significa que si una capa falla, otras pueden seguir protegiendo el sistema (ISO/SAE 21434, 2021).

Revisión del código: Realizar auditorías regulares del código fuente para identificar vulnerabilidades antes de que sean explotadas. Las herramientas automatizadas pueden ayudar a detectar errores comunes y vulnerabilidades conocidas (Bhatia et al., 2020).

Implementar un diseño seguro desde el principio no solo ayuda a mitigar riesgos, sino que también puede reducir significativamente los costos asociados con correcciones posteriores y la gestión de crisis.

Cifrado sólido: Garantizar las conexiones entre los módulos internos y las conexiones externas, resguarda contra accesos indebidos e interferencias perjudiciales durante el funcionamiento habitual. Es esencial un cifrado sólido para proteger la integridad de los datos y garantizar que la información delicada no sea susceptible a ataques externos.

Las estrategias de cifrado deben incluir:

Cifrado en tránsito: Asegurar que todos los datos transmitidos entre componentes del vehículo estén cifrados para prevenir intercepciones. Esto es especialmente importante en comunicaciones entre el vehículo y la infraestructura externa (como señales de tráfico o sistemas de control central) (Kamin, 2017).

Cifrado en reposo: Proteger datos almacenados dentro del vehículo, como información sobre rutas o preferencias del conductor, mediante cifrado robusto para evitar accesos no autorizados en caso de que el vehículo sea comprometido físicamente.

Gestión de claves: Implementar políticas estrictas para la gestión de claves criptográficas utilizadas en el cifrado. Esto incluye la rotación regular de claves y la revocación inmediata en caso de compromisos (ISO/SAE 21434, 2021).

El cifrado sólido es una defensa esencial contra ataques cibernéticos, asegurando que incluso si un atacante logra acceder a un sistema, no pueda obtener información valiosa sin las claves adecuadas.

Pruebas y Validación: La validación rigurosa del software es otro componente crítico para garantizar la seguridad en vehículos autónomos. Esto incluye pruebas exhaustivas para identificar vulnerabilidades antes de que el software sea implementado en un entorno real. Las pruebas deben abarcar:

Pruebas unitarias: Evaluar componentes individuales del software para asegurar su correcto funcionamiento antes de la integración.

Pruebas de integración: Asegurar que diferentes módulos del sistema funcionen correctamente juntos. Esto es vital para detectar problemas que pueden no ser evidentes cuando se prueban componentes por separado (Schwaber & Sutherland, 2017).

Pruebas de penetración: Simular ataques cibernéticos para evaluar la resistencia del sistema ante amenazas externas. Estas pruebas ayudan a identificar debilidades en la arquitectura del software y permiten realizar ajustes antes del lanzamiento final (Crispin & Gregory, 2009).

Conciencia y Capacitación: La capacitación continua del personal involucrado en el desarrollo y mantenimiento del software es esencial para mantener altos estándares de seguridad. Los ingenieros deben estar bien informados sobre las últimas amenazas cibernéticas y las mejores prácticas para mitigarlas (Fitzgerald & Stol, 2017).

Las estrategias deben incluir:

Programas de formación regular: Actualizar al personal sobre nuevas tecnologías y métodos para asegurar el software.

Simulaciones de respuesta a incidentes: Realizar ejercicios prácticos donde el equipo responda a situaciones simuladas de ataque cibernético puede ayudar a preparar mejor al personal para incidentes reales.

Las acciones mencionadas son esenciales para asegurar la seguridad y confiabilidad de los sistemas de vehículos autónomos. La implementación efectiva de prácticas sólidas desde el diseño hasta la validación no solo protege contra errores técnicos y ataques malintencionados, sino que también fomenta la confianza pública en esta tecnología emergente. A medida que los vehículos autónomos continúan desarrollándose e integrándose en nuestras sociedades, garantizar su seguridad será fundamental para su adopción generalizada.

Pruebas de Software y Validación

Las pruebas rigurosas son esenciales para asegurar que el software opere adecuadamente bajo diferentes condiciones operativas antes del despliegue real:

- **Pruebas unitarias:** Validan funciones individuales dentro código asegurando correcto funcionamiento aislado antes integración general con otros componentes; Esto facilita la detección de fallos a tiempo para prevenir problemas más graves durante las etapas posteriores de desarrollo e implementación concluida.

- **Pruebas funcionales e integradas:** Evaluaciones más extensas garantizan que las interacciones entre módulos operan como se esperaba bajo condiciones simuladas representativas reales; Esto abarca pruebas tanto físicas como virtuales en las que simulan situaciones complejas habituales halladas durante el funcionamiento cotidiano.

Estas evaluaciones deben llevarse a cabo de forma constante durante todo el ciclo de vida del software; esto asegura no solo la calidad sino también la confiabilidad global mientras se incorporan nuevas funcionalidades adicionales con el paso del tiempo.

Gestión de Riesgos y Respuesta a Incidentes

La gestión adecuada del riesgo es crucial, dado el alto nivel de implicación en la seguridad pública. Esto implica identificar posibles amenazas y establecer protocolos claros de respuesta ante incidentes:

Evaluación continua de riesgos potenciales: Esto abarca la detección de riesgos cibernéticos y errores técnicos internos que podrían poner en riesgo la seguridad del sistema.

Establecimiento de procedimientos claros: Es necesario establecer protocolos para una reacción inmediata frente a incidentes, garantizando la reducción de daños colaterales y reduciendo el efecto adverso global en los usuarios finales implicados.

Desarrollo de estrategias de recuperación tras un incidente: Es crucial asegurar la rápida recuperación de la funcionalidad normal tras cualquier suceso negativo, sin poner en riesgo la seguridad durante el proceso de recuperación.

Establecimiento de estándares mínimos: Es imprescindible establecer normas mínimas que garanticen la calidad y el correcto funcionamiento de los sistemas de software empleados en los vehículos autónomos.

Creación de marcos regulatorios claros: Es necesario instaurar marcos normativos que establezcan las obligaciones y supervisen la observancia de las regulaciones vigentes, asegurando de esta manera la salvaguarda de los usuarios finales.

Colaboración entre gobiernos y organismos reguladores: La colaboración entre organismos gubernamentales, entidades reguladoras y el sector privado es esencial para promover el avance de prácticas óptimas, garantizando la seguridad y creando confianza pública en la adopción a gran escala de estos nuevos medios de movilidad.

Implementación de auditorías regulares: Es fundamental realizar auditorías regulares para confirmar el cumplimiento de las regulaciones y garantizar el cumplimiento constante de los estándares establecidos.

Estas acciones son esenciales para asegurar que los vehículos autónomos funcionen de forma segura y eficaz en un contexto regulado (Bhatia et al., 2021). De esta manera se asegura que se manejen adecuadamente los riesgos asociados con su operación (González et al., 2021).

Futuro de la Seguridad en Vehículos Autónomos

El futuro de la seguridad en el contexto de los vehículos autónomos promete ser emocionante, pero también desafiante. A medida que continúan evolucionando las tecnologías subyacentes, también deben abordarse preocupaciones emergentes relacionadas con la protección de los usuarios finales involucrados como las siguientes:

Desarrollo de soluciones innovadoras: Es vital incrementar la capacidad de resistencia ante ataques informáticos, garantizando la integridad de los sistemas operativos esenciales empleados en los vehículos (Bhatia et al., 2021). Esto conlleva la puesta en marcha de acciones proactivas capaces de identificar y reducir amenazas antes de que generen perjuicios considerables.

Implementación de inteligencia artificial avanzada: La habilidad para identificar irregularidades en el comportamiento irregular en la red de comunicaciones es esencial para detectar potenciales amenazas antes de que puedan concretarse de manera efectiva (Zhou et al., 2020). Esto exige la implementación de algoritmos avanzados que examinan patrones y conductas en tiempo real.

Fomento de la colaboración entre sectores público y privado: Es fundamental compartir datos y mejores prácticas entre gobiernos, entidades reguladoras e industrias privadas para garantizar una preparación apropiada ante posibles incidentes futuros vinculados a esta nueva modalidad de transporte (González et al., 2021). La colaboración entre sectores puede promover la creación de normas y protocolos que incrementen la seguridad global.

Incorporación de feedback continuo de los usuarios finales: Es crucial proporcionar respuestas prontas y eficaces a las inquietudes presentadas vinculadas a la seguridad para preservar la confianza pública en la adopción generalizada de estos nuevos medios de movilidad moderna (Chen et al., 2019). La retroalimentación proactiva puede contribuir a detectar áreas que requieran mejoras y modificar las políticas y tecnologías de manera correspondiente.

Estas estrategias son fundamentales para edificar un futuro seguro y confiable para los vehículos autónomos, asegurando que se gestionen correctamente los riesgos vinculados a su funcionamiento.

Impacto Social y Futuro de la Movilidad

La llegada de los vehículos autónomos está transformando las ciudades, la economía y el medio ambiente, al tiempo que plantea retos éticos y legales significativos. Esta tecnología promete rediseñar la infraestructura urbana, crear nuevas oportunidades laborales y fomentar la sostenibilidad, mientras desplaza roles tradicionales y exige regulaciones claras para su implementación responsable.

En esta sección, explicaremos cómo la conducción autónoma impacta la infraestructura, el empleo, la economía y la sostenibilidad, reflexionando sobre su potencial para mejorar la calidad de vida y conectar comunidades de manera más eficiente y sostenible.

Cambios en la Infraestructura Urbana

La llegada masiva de vehículos autónomos transformará radicalmente la infraestructura urbana existente; esto incluye:

Rediseño de calles e intersecciones: Se mejorarán los flujos de tráfico teniendo en cuenta las demandas particulares vinculadas a los nuevos medios de transporte en auge. Esta reestructuración es crucial para promover la incorporación de vehículos autónomos en el contexto urbano, incrementando la seguridad y la eficacia del tráfico (González et al., 2021).

Implementación de estaciones de carga rápida: En el futuro, se instalarán estaciones de carga accesibles situadas de manera estratégica, garantizando la disponibilidad de energía requerida para el funcionamiento constante de estos nuevos medios de movilidad moderna. Es esencial una correcta organización de estas estaciones para promover la adopción amplia de vehículos eléctricos y autónomos (Bhatia et al., 2021).

Desarrollo de espacios públicos amigables: Se edificarán lugares donde ciclistas y peatones puedan convivir de manera armónica con vehículos eléctricos automatizados, fomentando así estilos de vida sostenibles y saludables en la comunidad. Esta perspectiva tiene como objetivo no solo incrementar la calidad del aire, sino también promover una interacción social más intensa en ambientes urbanos (Zhou et al., 2020).

Integración de tecnologías inteligentes: Se pondrán en marcha tecnologías inteligentes en la infraestructura actual, facilitando una comunicación eficaz entre automóviles e infraestructuras urbanas. Esto incrementará el rendimiento global del sistema de transporte urbano, promoviendo una administración más eficaz del tráfico y disminuyendo los periodos de desplazamiento (Chen et al., 2019).

Estas modificaciones son esenciales para equipar las ciudades para el porvenir de la movilidad, asegurando que las infraestructuras se ajusten a las nuevas realidades tecnológicas.

Efectos en el Empleo y la Economía

El efecto económico vinculado a la implementación masiva de este nuevo medio de transporte será considerable; Esto abarca tantas nuevas posibilidades como retos presentes en el actual mercado de trabajo:

Creación de empleos: Se crearán puestos de trabajo vinculados con el avance y conservación de la tecnología que respaldan estos nuevos medios de movilidad contemporánea. Esto contempla empleos para ingenieros, desarrolladores y especialistas en ciberseguridad, entre otros (Bhatia et al., 2021). La necesidad de profesionales competentes en estos campos se incrementará conforme la industria de vehículos autónomos se desarrolle.

Desplazamiento de trabajos tradicionales: La automatización y la implementación de vehículos independientes podrían reemplazar los trabajos tradicionales vinculados a la conducción manual. Esto provocará la necesidad de capacitar a la mano de obra actual para ajustarse a las nuevas exigencias y competencias necesarias en las futuras industrias emergentes vinculadas a este campo (González et al., 2021). Es crucial establecer programas de formación que ayuden a los empleados en su transición hacia puestos más técnicos y especializados.

Cambios en los patrones de consumo: La disminución de los gastos de transporte promoverá el desarrollo en áreas económicas cercanas, tales como los servicios de logística, distribución y comercio electrónico. Estas modificaciones fomentarán un impulso económico a nivel general, lo que podría conllevar a un incremento en la ocupación laboral y mejoras en la eficacia del mercado (Zhou et al., 2020).

Estos factores subrayan la relevancia de capacitar tanto a los trabajadores como a las infraestructuras para incrementar al máximo los beneficios financieros provenientes de la implementación de vehículos autónomos.

Aspectos Éticos y Legales

Los aspectos legales relacionados con la responsabilidad civil son fundamentales en el contexto de los vehículos autónomos. A medida que esta tecnología avanza, se hace necesario establecer nuevas normativas que definan quién asume la responsabilidad en caso de un accidente. Esto implica considerar tanto al productor del vehículo como al propietario. La complejidad de esta situación radica en la naturaleza del funcionamiento de los vehículos autónomos, que operan mediante algoritmos y sistemas de inteligencia artificial, lo que plantea interrogantes sobre la responsabilidad en situaciones donde una decisión crítica debe ser tomada por el vehículo.

La responsabilidad civil en el ámbito de los vehículos autónomos debe ser re-evaluada para adaptarse a las nuevas realidades. Tradicionalmente, la responsabilidad recaía sobre el conductor; sin embargo, en el caso de un vehículo autónomo, es necesario determinar si la culpa recae en el fabricante del software, el propietario del vehículo o incluso en el propio sistema de inteligencia artificial. La Unión Europea ha comenzado a abordar estas cuestiones mediante la revisión de las leyes existentes y la introducción de directivas que buscan mejorar la protección de las víctimas en accidentes que involucren vehículos automatizados (Michel, 2020).

Además, se deben establecer pautas claras sobre cómo gestionar situaciones donde un vehículo autónomo debe tomar decisiones moralmente complicadas durante un accidente inminente. Por ejemplo, si un vehículo debe elegir entre salvar a sus ocupantes o a un grupo de peatones, surge la pregunta: ¿quién es responsable de esa decisión? Este dilema ético no solo afecta la programación del vehículo, sino que también tiene implicaciones legales significativas (Bustamante Donas, 2022).

Sostenibilidad y Medio Ambiente

Los vehículos autónomos tienen el potencial de contribuir significativamente a una movilidad más sostenible. Su implementación puede transformar las dinámicas del transporte urbano, optimizando el tráfico y, por ende, disminuyendo las emisiones globales. Esto se traduce en una reducción considerable del consumo de energía asociado al transporte, especialmente en áreas urbanas congestionadas. La capacidad de los vehículos autónomos para comunicarse entre sí y con la infraestructura vial permite una gestión más eficiente del tráfico, lo que puede minimizar las aglomeraciones y mejorar el flujo vehicular (Fagnant & Kockelman, 2015).

La efectividad de los vehículos autónomos en la mejora de la sostenibilidad depende en gran medida de las políticas públicas que los acompañen. Es fundamental que los gobiernos establezcan regulaciones que promuevan la adopción de tecnologías limpias y que incentiven el uso compartido de vehículos. Las políticas que fomentan la electrificación del transporte también son cruciales, ya que los vehículos eléctricos, combinados con capacidades autónomas, pueden reducir aún más las emisiones de carbono (Bösch et al., 2018).

Es importante considerar los efectos rebote asociados a la adopción de vehículos autónomos. Estos efectos pueden manifestarse como un aumento en el uso total del vehículo debido a su conveniencia, lo que podría contrarrestar algunas de las reducciones en emisiones esperadas (Feng et al., 2020). Por lo tanto, es esencial que las estrategias de implementación incluyan medidas para mitigar estos efectos.

Estudios actuales indican que si se aplican correctamente políticas públicas que favorecen estos nuevos modelos de vehículos, se podría alcanzar una disminución significativa del impacto ecológico vinculado al transporte privado (Fagnant & Kockelman, 2015).

Tendencias Futuras

El futuro promete innovaciones continuas, donde se espera ver una mayor integración entre diferentes modos de transporte; por ejemplo, sistemas intermodales donde usuarios puedan cambiar fácilmente entre transporte público tradicional y servicios basados en vehículos autónomos.

A medida que avanzamos hacia un futuro donde estos vehículos son cada vez más comunes, es esencial abordar tanto sus beneficios como sus desafíos inherentes mediante investigación continua e implementación responsable.

Conclusiones

El desarrollo de vehículos autónomos marcó un hito en la historia de la tecnología, desafiando los límites del conocimiento humano y transformando nuestra interacción con el mundo. Este libro exploró a profundidad los fundamentos, tecnologías y desafíos que hicieron posible esta revolución, dejando en claro que estos avances fueron mucho más que logros técnicos; representaron un cambio profundo en la forma en que concebimos la movilidad y nuestra relación con la tecnología.

La integración de inteligencia artificial, sistemas de percepción y arquitectura de software permitió que los vehículos autónomos optimizaran la movilidad y redujeran los errores humanos en el transporte. Sin embargo, estos avances también plantearon preguntas éticas y desafíos sociales que exigieron una respuesta responsable por parte de quienes lideraron su desarrollo. Reflexionar sobre estos retos y las soluciones propuestas fue clave para entender cómo se equilibraron el progreso tecnológico con la necesidad de proteger los derechos y la privacidad de las personas.

El impacto social y económico de los vehículos autónomos fue notable. Cambiaron y seguirán cambiando la infraestructura urbana, generaron nuevas oportunidades laborales en sectores tecnológicos y redefinieron la economía de ciudades enteras. Pero estos logros también trajeron consigo la necesidad de transformar las habilidades de la fuerza laboral y de repensar el diseño de nuestras ciudades para adaptarlas a una movilidad más eficiente y sostenible.

Con esta obra, se cerró un capítulo fundamental en el entendimiento de cómo la humanidad fue capaz de moldear el futuro con responsabilidad y creatividad. Se invita al lector a reflexionar sobre cómo, en su momento, estas decisiones moldearon no solo un sistema de transporte más seguro y eficiente, sino también una sociedad más conectada y consciente de los desafíos éticos que acompañaron al progreso.

REFERENCIAS

Advancement of Machine Learning and its Applications. (n.d.). *Semantic Scholar*. https://www.semanticscholar.org/paper/15d4f93b210a354f6ca6f78339c2bdc6739 2e9af

Anderson, J., Kalra, N., Stanley, K., & Sorensen, P. (2016). *Autonomía vehicular: Evaluación e implicaciones*. Corporación RAND.

Bar-Shalom, Y., Li, X.-R., & Kirubarajan, T. (2001). *Estimation with Applications to Tracking and Navigation*. Wiley-Interscience.

Bhatia, P., Jain, S., & Sharma, A.K. (2020). Review of radar technology for automotive applications: Current trends and future prospects in vehicle automation systems and safety measures. *IEEE Transactions on Intelligent Transportation Systems*, *21*(3), 1126–1137.

Bhatia, P., Kaur, S., & Kumar, A. (2021). Recent advances in motion and behavior planning techniques for software architecture of autonomous vehicles: A state-of-the-art survey. *Journal of Autonomous Vehicles and Systems*, *1*(1), 1-15. https://doi.org/10.1109/JAVS.2021.3050489

Bösch, P., Becker, H., Becker, J., & von der Gracht, H. A. (2018). Autonomous vehicles: The impact on urban mobility and the environment. *Transportation Research Part D: Transport and Environment*, 61, 1-17.

Bustamante Donas, J. (2022). Dilemas éticos de los vehículos autónomos: Responsabilidad ética, análisis de riesgo y toma de decisiones. *Argumentos de Razón Técnica*.

Chen, W., Zhang, Y., & Wang, H. (2019). Distributed architecture for autonomous vehicles based on multi-agent systems. IEEE Transactions on Intelligent Transportation Systems, 20(6), 2210-2220.

Crispin, L., & Gregory, J. (2009). *Agile Testing: A Practical Guide for Testers and Agile Teams*. Addison-Wesley.

Doherty, P., O'Neill, M., & McCarthy, J.P. (2017). Sensor fusion for autonomous vehicles using deep learning methods: A review of recent advances and future challenges in intelligent transport systems and road safety applications*. *IEEE Transactions on Intelligent Transportation Systems*, *18*(8), 2150–2164.

Dosovitskiy, A., Roscher, R., & Becker, M. (2017). CARLA: An open urban driving simulator. *arXiv preprint arXiv:1711.03938*.

Fagnant, D. J., & Kockelman, K. M. (2015). Preparar una nación para los vehículos autónomos: oportunidades y desafíos. *Transportation Research Part A: Policy and Practice, 77*, 167-181. https://doi.org/10.1016/j.tra.2015.04.003

Feng, T., Wang, Z., & Chen, Y. (2020). Exploring the rebound effect of autonomous vehicles on energy consumption and emissions in urban areas. *Sustainable Cities and Society*, 53, 101883.

Fitzgerald, B., & Stol, K.J. (2017). Continuous Software Engineering: A Roadmap and Agenda. *Journal of Systems and Software, 123*, 176–189.

Gónzalez, J., Pérez-Cruz, F., & Bañares-Alcántara, R. (2021). A review of perception systems for autonomous vehicles: Challenges and future directions. *Sensors, 21*(8), 2757. https://doi.org/10.3390/s21082757

Goodall, N. J. (2014). Ética de las máquinas y vehículos automatizados. En *Road Vehicle Automation* (pp. 93-102). Springer.

Goodfellow I., Bengio Y., & Courville A.(2016). *Deep Learning*. MIT Press.

ISO/SAE 21434. (2021). *Road vehicles – Cybersecurity engineering*. International Organization for Standardization.

Kamin, D.A. (2017). Exploring Security, Privacy, and Reliability Strategies to Enable the Adoption of IoT. *Doctoral Study*, Walden University.

Kumar, A., Gupta, R., & Singh, S. (2020). Model predictive control for autonomous vehicles: A review and future directions. *IEEE Transactions on Intelligent Transportation Systems, 21*(6), 2539-2554.

Larman, C., & Basili, V. R. (2003). Iterative and incremental development: A brief history. *Computer, 36*(6), 47-56.

LeCun Y., Bottou L., Bengio Y., & Haffner P.(2015). Gradient-based learning applied to document recognition*. *Proceedings of the IEEE, 86*(11), pp.-2278–2324.

Litman, T. (2020). *Política de transporte y medio ambiente*. Instituto de Política de Transporte de Victoria.

Meyer, M., Huber, M., & Schmid, K. (2020). Agile Development in the Automotive Industry: Challenges and Opportunities for Product Development Processes. In

Proceedings of the International Conference on Agile Software Development (pp. 1-15).

Navarro Michel, M. (2020). *La aplicación de la normativa sobre accidentes de tráfico a los causados por vehículos automatizados y autónomos*. Semanticscholar. https://www.semanticscholar.org/paper/24e1ac657fd8512b94a5b7cd5a1e138b5 78cc8bb

SAE International. (2018). *Taxonomía y definiciones de términos relacionados con sistemas de automatización de conducción para vehículos de motor en carretera* (SAE J3016_201806). https://www.sae.org/standards/content/j3016_201806/

Schwaber, K., & Sutherland, J. (2017). The Scrum Guide: The Definitive Guide to Scrum: The Rules of the Game.

Tesla Inc. (2021). *Tesla's Autopilot*. https://www.tesla.com/autopilot

VeRA. (2020). Vehicles Risk Analysis Methodology for Autonomous Vehicles. Retrieved from https://www.semanticscholar.org/paper/d9e441741d5c3aff2dde27e543cc07f499e c03fa

Waymo LLC. (2021). *Waymo's self-driving technology*. https://waymo.com/technology/

Welch G., & Bishop G.(1995). An introduction to the Kalman filter*. In *SIGGRAPH Course Notes*.

Zhou, Y., Chen, J., & Zhang, Z. (2020). Deep learning for autonomous driving: A review of recent advances and challenges ahead. *IEEE Transactions on Intelligent Transportation Systems*, 22(5), 2764-2778. https://doi.org/10.1109/TITS.2020.2970512

Printed by Books on Demand GmbH, Norderstedt / Germany